高等职业教育给水排水工程技术专业教育标准和培养方案及主干课程教学大纲

全国高职高专教育土建类专业教学指导委员会
建筑设备类专业指导分委员会 编制

中国建筑工业出版社

图书在版编目(CIP)数据

高等职业教育给水排水工程技术专业教育标准和培养方案及主干课程教学大纲/全国高职高专教育土建类专业教学指导委员会建筑设备类专业指导分委员会编制. —北京：中国建筑工业出版社，2004

ISBN 7-112-06905-X

Ⅰ.高… Ⅱ.全… Ⅲ.①给水工程—专业—高等学校:技术学校—教学参考资料②排水工程—专业—高等学校:技术学校—教学参考资料 Ⅳ.TU991

中国版本图书馆 CIP 数据核字(2004)第 104285 号

责任编辑：齐庆梅
责任设计：孙　梅
责任校对：李志瑛　张　虹

高等职业教育给水排水工程技术专业
教育标准和培养方案
及主干课程教学大纲

全国高职高专教育土建类专业教学指导委员会
建筑设备类专业指导分委员会　编制

*

中国建筑工业出版社出版、发行（北京西郊百万庄）
新 华 书 店 经 销
北京市兴顺印刷厂印刷

*

开本：787×1092 毫米　1/16　印张：3¼　字数：78 千字
2004 年 11 月第一版　2004 年 11 月第一次印刷
印数：1—1,500 册　定价：**10.00** 元
ISBN 7－112－06905－X
TU・6151　（12859）

版权所有　翻印必究
如有印装质量问题，可寄本社退换
（邮政编码　100037）

本社网址：http://www.china-abp.com.cn
网上书店：http://www.china-building.com.cn

出 版 说 明

全国高职高专教育土建类专业教学指导委员会是建设部受教育部委托（教高厅函〔2004〕5号），并由建设部聘任和管理的专家机构（建人教函〔2004〕169号）。该机构下设建筑类、土建施工类、建筑设备类、工程管理类、市政工程类等五个专业指导分委员会。委员会的主要职责是研究土建类高等职业教育的人才培养，提出专业设置的指导性意见，制订相应专业的教育标准、培养方案和主干课程教学大纲，指导全国高职高专土建类专业教育办学，提高专业教育质量，促进土建类专业教育更好地适应国家建设事业发展的需要。各专业类指导分委员会在深入企业调查研究，总结各院校实际办学经验，反复论证基础上，相继完成高等职业教育土建类各专业教育标准、培养方案及主干课程教学大纲（按教育部颁发的〈全国高职高专指导性专业目录〉），经报建设部同意，现予以颁布，请各校认真研究，结合实际，参照执行。

当前，我国经济建设正处于快速发展阶段，随着我国工业化进入新的阶段，世界制造业加速向我国的转移，城镇化进程和第三产业的快速发展，尽快解决"三农"问题，都对人才类型、人才结构、人才市场提出新的要求，我国职业教育正面临一个前所未有的发展机遇。作为占 2003 年社会固定资产投资总额 39.66% 的建设事业，随着建筑业、城市建设、建筑装饰、房地产业、建筑智能化、国际建筑市场等，不论是规模扩大，还是新兴行业，还是建筑科技的进步，在这改革与发展时期，都急需大批"银（灰）领"人才。

高等职业教育在我国教育领域是一种全新的教育形态，对高等职业教育的定位和培养模式都还在摸索与认识中。坚持以服务为宗旨，以就业为导向，已逐步成为社会的共识，成为职业教育工作者的共识。为使我国土建类高等职业教育健康发展，我们认为，土建类高等职业教育应是培养"懂技术、会施工、能管理"的生产一线技术人员和管理人员，以及高技能操作人员。学生的知识、能力和素质必须满足施工现场相应的技术、管理及操作岗位的基本要求，高等职业教育的特点应是实现教育与岗位的"零距离"接口，毕业即能就业上岗。

各专业类指导分委员会通过对职业岗位的调查分析和论证，制定的高等职业教育土建类各专业的教育标准，在课程体系上突破了传统的学科体系，在理论上依照"必需、够用"的原则，建立理论知识与职业能力相互支撑、互相渗透和融合的新教学体系，在培养方式上依靠行业、企业，构筑校企合作的培养模式，加强实践性教学环节，着力于高等职业教育的职业能力培养。

  基于我国的地域差别、各院校的办学基础条件与特点的不同，现颁布的高等职业教育土建类教育标准、培养方案和主干课程教学大纲是各专业的基本专业教育标准，望各院校结合本地需求及本校实际制订实施性教学计划，在实践中不断探索与总结新经验，及时反馈有关信息，以利再次修订时，使高等职业教育土建类各专业教育标准、培养方案及主干课程教学大纲更加科学和完善，更加符合建设事业改革和发展的实际，更加适应社会对高等职业教育人才的需要。

全国高职高专教育土建类专业教学指导委员会

2004 年 9 月 1 日

前　言

　　自 20 世纪 90 年代中期以来，我国高等职业教育进入了大发展时期，到目前为止，全国各类高职院校已有 1300 多所，在校生达 789 万人。经过这几年的发展，高职教育在办学规模、管理体制、培养目标等方面进行了很多有益的探索，初步形成了自己的一些特色，但在总体上还不适应形势发展的要求，应该不断地探索，不断地规范。其中制定高等职业教育专业教育标准和培养方案及主干课程教学大纲等指导性教学文件，是高等职业教育发展必备的基本条件。

　　随着我国加快推进工业化、城市化的进程，促进了给水排水事业的迅猛发展。为了培养满足社会需求的高等职业教育给水排水工程技术专业人才，迫切需要构建新的人才培养模式和教学体系、制定切合实际的教学改革方案。

　　高等职业教育给水排水工程技术专业教育标准、培养方案的研究包括四个组成部分。

　　第一部分为给水排水工程技术专业在高等职业教育发展中的背景分析，其主要内容有三个：一是以加快推进工业化、城镇化进程给给水排水工程技术专业带来的影响；二是市场经济给给水排水工程技术专业带来新的发展空间；三是加入 WTO 提出的机遇与挑战。

　　第二部分为教育标准、培养方案研究的主要内容，包括三个方面：一个是给水排水工程技术专业教育标准，主要研究专业培养目标、人才培养规格和专业设置等内容。二是研究给水排水工程技术专业教学改革的总体框架，框架内容分为：专业建设，主要有构建新的课程体系和构建新的实训体系；课程建设，主要是新开发课程、整合课程和更新课程内容。三是给水排水工程技术专业培养方案的研究，在制定培养方案时，遵循以下原则：体现教育标准中培养目标、完善课程体系，用科学的课程体系保证人才培养满足培养规格要求、注重培养方案的可操作性、符合教育部对高职办学的基本要求。

　　第三部分为研究方法，包括两个方面：一是考察调研，通过考察调研，了解给水排水工程技术人员的基本状况，包括岗位分工、人员的学历层次、工作内容、给水排水工程技术人员应具备的理论知识和基本技能、专业培养目标层次的确定等；通过考察调研，明确给水排水工程技术专业从业范围、工作岗位的需求状态等，掌握人才需求市场对毕业生人才规格的要求，为制定培养方案提供了最基础的材料。二是分析论证，在考察调研的基础上，组织有关专家针对目前高职教学存在的问题进行了深刻的剖析，提出改革的思路和意见，确定改革整体框架，制定教育标准、培养方案，经过反复推敲论证后形成研究成果。

　　第四部分为总结研究成果，包括四个方面：一是开发新课程；二是整合课程；三是部分课程增加新内容；四是构建新的课程体系。

高等职业教育给水排水工程技术专业教育标准、培养方案是全国高职高专教育土建类专业教学指导委员会建筑设备类专业指导分委员会中全体给水排水专业成员和有关专家通过广泛的调查研究，并经过充分的酝酿和讨论、反复研究后形成的研究成果。

高等职业教育建筑设备类专业指导分委员会一致认为，该教育标准、培养方案是对给水排水工程技术专业培养标准的基本要求，具有指导性意见，其核心是要求各高职院校切实按照培养市场经济需要的高等技术应用性人才的要求进行专业建设，以进一步促进高等职业教育的发展。

全国高职高专教育土建类专业教学指导委员会
建筑设备类专业指导分委员会
主任委员　刘春泽

目 录

给水排水工程技术专业教育标准 …………………………………………………………… 1
给水排水工程技术专业培养方案 …………………………………………………………… 4
给水排水工程技术专业主干课程教学大纲 ………………………………………………… 12
  1 水力学与应用 ………………………………………………………………………… 12
  2 水泵及水泵站 ………………………………………………………………………… 16
  3 给水排水管道工程技术 ……………………………………………………………… 19
  4 建筑给水排水工程 …………………………………………………………………… 24
  5 水质检验技术 ………………………………………………………………………… 27
  6 水处理工程技术 ……………………………………………………………………… 31
  7 给水排水工程施工技术 ……………………………………………………………… 36
  8 给水排水工程预算与施工组织管理 ………………………………………………… 39
附录 1 全国高职高专土建类指导性专业目录 …………………………………………… 42
附录 2 全国高职高专教育土建类专业教学指导委员会规划推荐教材（建工版） …… 44

给水排水工程技术专业教育标准

一、培养目标

本专业培养拥护党的基本路线，适应建设施工企业、自来水公司、排水公司、工矿企业、宾馆饭店、设计院等从事给水排水工程施工与管理、给水排水设施运行与维护、一般给水排水工程设计制图等工作需要的德、智、体、美等全面发展的高等技术应用性专门人才。

二、人才培养规格

（一）毕业生应具备的知识和能力

1. 文化基础知识与能力

（1）语言文字方面

知识：掌握应用写作知识；掌握一门外国语的基本知识。

能力：会撰写常用应用文；能用外语进行一般的日常会话，能借助字典查阅本专业外文资料。

（2）自然科学方面

知识：掌握高等数学的基础知识，理解计算机的基本知识。

能力：能运用数学知识计算、分析给水排水工程中的一般问题，有一定抽象思维能力；熟练应用 WORD、EXCEL 等办公软件，能用计算机完成文字处理、表格设计和数据处理等工作。

（3）人文与社会科学方面

知识：理解政治、哲学、法律基础知识，了解公共关系的一般知识。

能力：能运用人文与社会科学的基本原理处理工作中的一般问题；能处理一般公共关系事务。

2. 专业知识与能力

（1）运行维护管理方面

知识：了解水源及污水的种类及特点，理解水质处理的方法，掌握给水处理、污水处理的工艺流程，掌握常见水处理构筑物的构造及工作原理，熟悉水处理构筑物的运行参数，熟悉自来水厂和污水处理厂常见机械设备和电气设备。

能力：具有自来水厂和污水处理厂运行岗位的操作能力，能对水样进行水质检验，能对常见的给水排水设施进行维护，能分析和解决运行中出现的问题。

（2）工程施工技术方面

知识：理解工程结构的一般知识，熟悉常用的建筑材料、管道材料和施工机械，熟悉施工验收规范，掌握常见给水排水构筑物和管道的施工技术，掌握施工测量的基本知识。

能力：能测量放线，能进行一般给水排水构筑物和管道的施工，能分析和解决施工中出现的问题。

(3) 工程预算与施工组织管理方面

知识：掌握工程预算的编制程序和方法，掌握施工组织设计的编制方法；熟悉工程项目管理和工程建设监理的基本知识，掌握工程预算软件的基本操作。

能力：能编制给水排水工程预算，能编制施工组织设计文件，能参与工程项目管理和工程建设监理工作，能熟练利用工程预算软件编制工程预算。

(4) 工程设计方面

知识：理解水力学的基本知识，熟悉有关设计规范，掌握给水排水管道和建筑给水排水工程的基本知识和设计方法，掌握计算机辅助设计软件的基本操作。

能力：能进行一般给水排水管道工程和建筑给水排水工程的设计计算，能熟练利用计算机辅助设计软件绘制工程图。

(5) 职业技能操作方面

知识：熟悉主要职业技能操作的基本知识与要求，掌握职业技能操作的方法。

能力：具有较强的实际动手操作能力，基本达到中级工的操作技术水平。

(二) 毕业生应具备的综合素质

1. 思想素质

科学的世界观、人生观、价值观，良好的职业道德。

2. 身体素质

健康的体魄，良好的心理。

3. 文化与社会基础素质

良好的语言表达能力和社交能力，一定的外语表达能力，熟练的计算机应用能力，健全的法律意识，有一定的创新精神和创业能力。

4. 专业素质

具有必需的专业理论知识，具有一定的专业技术技能，具备给水排水工程施工技术管理和编制工程预算的能力，具备给水排水设施运行管理和维护的能力，具备一般给水排水工程设计计算的能力。

(三) 毕业生获取的职业资格证书

1. 职业技能岗位证书

获取净水、水质检验、机泵运行、管道安装等工种中至少1～2个工种的中级职业技能岗位证书。

2. 专业管理人员岗位证书

获取施工员、预算员、质量安全员、材料员等专业管理人员中至少1～2个专业的管理人员岗位证书。

(四) 毕业生适应的工作岗位

施工企业给水排水工程施工技术员、预算员；自来水公司、排水公司的运行管理技术员；工矿企业、宾馆饭店给水排水设施的运行维护管理技术员；设计单位的设计制图员。

三、专业设置条件

专业设置条件是在符合高职高专院校基本办学条件的基础上，开设本专业应达到的基本条件。

（一）师资队伍

1. 教师人数与结构

专业教师的人数应和学生规模相适应，但专业理论课教师不少于6人，专业实训教师不少于2人。

《水力学与应用》、《水泵及水泵站》、《给水排水管道工程技术》、《建筑给水排水工程》、《水质检验技术》、《水处理工程技术》、《给水排水工程施工技术》和《给水排水工程预算与施工组织管理》等主干课程必须配备专职教师。

专业教师应具有大学本科以上学历，青年教师中研究生学历或硕士及以上学位比例应达到15%；具有高级职称专业教师占专业教师总数比例应达到20%；80%以上的专业课应由专任教师担任，兼职专业教师除满足本科学历条件外，还应具备5年以上的实践年限；专业教师中具有"双师型"素质的教师比例应达到50%。

2. 教师业务水平

专业理论课教师除能完成课堂理论教学外，还应具有编写讲义、教材和进行教学研究的能力。专业实践课教师应具有编写课程设计、毕业实践的任务书和指导书的能力。

除上述条件外专业教师还必须达到教师法对高等职业教育专业教师的任职资格要求。

（二）图书资料

图书资料包括：专业书刊、法律法规、规范规程、教学文件、电化教学资料、教学应用资料等。

1. 专业书刊

有关给水排水工程技术方面的书籍2000册以上，至少100个版本；有关给水排水工程技术方面的各类期刊杂志(含报纸)10种以上，有一定数量且适用的电子读物，并经常更新。

2. 电化教学及多媒体教学资料

有一定数量的教学光盘、多媒体教学课件等资料，并能不断更新、充实其内容和数量，年更新率在20%以上。

3. 教学应用资料

有一定数量的国内外交流资料，有专业课教学必备的教学图纸、标准图集、规范、预算定额等资料。

（三）教学设施

1. 有与课程开设相适应的实验设备，实验室设备的配置应符合各课程教学大纲规定必须开出的要求。

2. 有计算机50台以上，并配有文字及表格处理、计算机辅助设计、工程预算及施工管理等方面的应用软件。

3. 有多媒体教学设备和配套适用的电化教学设备。

（四）实训、实习基地

校内有能满足学生职业技能训练的工具、仪器、设备以及实训场所。

有稳定的校外实习基地，与主要用人单位建立有长期稳定的产学结合关系，能满足认识参观、毕业实习的教学需要。

附注　执笔人：范柳先　谷　峡

给水排水工程技术专业培养方案

一、培养目标

本专业培养拥护党的基本路线，适应建设施工企业、自来水厂、污水处理厂、工矿企业、宾馆饭店、居住小区等从事给水排水工程施工、管理以及给水排水设施运行、维护等工作需要的，德、智、体、美等全面发展的高等技术应用性专门人才。

二、招生对象及基本修业年限

招生对象：高中、中职毕业生

基本修业年限：三年

三、职业能力结构及其分解

综合能力	专项能力	对应课程
基本素质	热爱祖国，树立正确的人生观和世界观	马克思主义哲学原理、毛泽东思想概论、邓小平理论、思想道德修养、法律基础、高等数学、应用文写作
	具有良好的职业道德	
	掌握科学锻炼身体的方法	
	高等教育应具备的文化素质	
外语应用	外语听、说、读、写	英语
	查阅专业外文资料	
计算机应用	文字处理	计算机应用基础、给水排水工程预算
	数据处理	
	专业应用软件操作	
工程制图与识图	识读工程图纸	工程制图与CAD
	计算机绘图	
给水排水工程设计计算	给水排水管道设计计算	给水排水管道工程技术、建筑给水排水工程
	建筑给水排水工程设计计算	
给水排水设施运行、维护	自来水厂运行管理	水源与取水工程、水泵及水泵站、水处理工程技术、电工与电气设备
	污水处理厂运行管理	
	给水排水设施维护	
给水排水工程施工	水处理构筑物施工	力学与结构基础、给水排水工程施工技术
	给水排水管道施工	
给水排水工程预算施工组织管理能力	编制工程预算	给水排水工程预算与施工组织管理
	编制施工组织设计	
	施工管理	

四、课程体系

课 程 体 系	基本学时	实践周	学 分
一、职业基础课			
1. 马克思主义哲学原理	30		2
2. 毛泽东思想概论	30		2
3. 邓小平理论概论	30		2
4. 思想道德修养	30		2
5. 法律基础	30		2
6. 高等数学	80		5
7. 英语	180		12
8. 应用写作	30		2
9. 体育	90		6
10. 计算机应用基础	80		5
11. 工程制图与CAD	100		6
12. 水质检验技术	80		5
13. 力学与结构基础	120		8
14. 水力学与应用	60		4
15. 工程测量	40		2
16. 电工与电气设备	80		5
小 计	1090		70
二、职业技术课			
17. 水泵与水泵站	40		2
18. 水源与取水工程	40		2
19. 给水排水管道工程技术	80		5
20. 水处理工程技术	120		8
21. 建筑给水排水工程	60		4
22. 给水排水工程施工技术	80		5
23. 给水排水工程预算与施工组织管理	60		4
24. 工程建设法规	30		2
小 计	510		32
三、选修课			
25. 建筑消防工程	30		2
26. 工程建设监理概论	30		2
27. 市场营销	30		2
28. 美学基础	30		2
29. 公关与礼仪	30		2
30. 文学欣赏	30		2

续表

课程体系	基本学时	实践周	学分
31. 书画欣赏	30		2
32. 音乐欣赏	30		2
小计(选4门)	120		8
四、实践课			
33. 制图实训		1	1
34. 认识实习		1	1
35. 测量实训		1	1
36. 水质检验实训		1	1
37. 给水排水管道课程设计		2	2
38. 建筑给水排水工程设计		1	1
39. 水处理工艺课程设计		1	2
40. 编制施工图预算		1	1
41. 编制施工组织设计		1	1
42. 管道安装实训		2	2
43. 水厂运行实训		2	2
44. 毕业实践		36	36
小 计		50	50
合 计	1720	50	160

五、教学计划

(一) 理论教学进程表

课程名称	课程代码	开课教研室	学时			学分	周学时分配					
			其中		合计		第一学年		第二学年		第三学年	
			教学时数	实践时数			一	二	三	四	五	六
一、职业基础课			904	186	1090	70						
马克思主义哲学原理			30		30	2	√					
毛泽东思想概论			30		30	2		√				
邓小平理论概论			30		30	2			√			
思想道德修养			30		30	2				√		
法律基础			30		30	2					√	
高等数学			80		80	5	√					
英语			180		180	12	√	√	√			
应用写作			30		30	2		√				
体育			90		90	6	√	√	√			

续表

课程名称	课程代码	开课教研室	学时		合计	学分	周学时分配					
			其中				第一学年		第二学年		第三学年	
			教学时数	实践时数			一	二	三	四	五	六
计算机应用基础			40	40	80	5		√				
工程制图与CAD			60	40	100	6	√	√				
水质检验技术			52	28	80	5		√				
力学与结构基础			96	24	120	8	√	√				
水力学与应用			46	14	60	4	√					
工程测量			18	22	40	2		√				
电工与电气设备			62	18	80	5			√			
二、职业技术课			442	68	510	32						
水泵与水泵站			34	6	40	2			√			
水源与取水工程			32	8	40	2			√			
给水排水管道工程技术			70	10	80	5			√			
水处理工程技术			102	18	120	8				√		
建筑给水排水工程			50	10	60	4				√		
给水排水工程施工技术			68	12	80	5				√		
给水排水工程预算与施工组织管理			56	4	60	4				√		
工程建设法规			30		30	2				√		
三、选修课			120		120	8						
建筑消防工程			30		30	2				√		
工程建设监理概论			30		30	2				√		
市场营销			30		30	2				√		
美学基础			30		30	2		√				
公关与礼仪			30		30	2	√					
文学欣赏			30		30	2			√			
书画欣赏			30		30	2				√		
音乐欣赏			30		30	2			√			
合计			1466	254	1720	110						

注：选修课任选4门。

（二）实践教学进程表

序号	课程名称	对应课程	第一学年		第二学年		第三学年		学分
			一	二	三	四	五	六	
1	制图实训	工程制图与CAD	1周						1
2	认识实习	水源与取水工程 水泵及水泵站 水处理工程技术 建筑给水排水工程	1周						1

续表

序号	课程名称	对应课程	第一学年		第二学年		第三学年		学分
			一	二	三	四	五	六	
3	测量实训	工程测量			1周				1
4	水质检验实训	水质检验技术		1周					1
5	给水排水管道课程设计	给水排水管道工程技术			2周				2
6	建筑给水排水工程设计	建筑给水排水工程			1周				1
7	水处理工艺课程设计	水处理工程技术				1周			1
8	编制施工图预算	给水排水工程预算				1周			1
9	编制施工组织设计	施工组织与管理				1周			1
10	管道安装实训	给水排水管道工程技术			1周	1周			2
11	水厂运行实训	水处理工程技术				2周			2
12	毕业实践						18周	18周	36
	合计		2周	2周	4周	6周	18周	18周	50

六、主干课程

1. 工程制图与CAD

（1）基本内容：工程制图基本知识，投影原理及规律，给水排水管道、水处理构筑物、泵站等工程施工图的识读，计算机绘图。

（2）基本要求：掌握工程制图的基本原理和方法；理解给水排水工程图纸的基本知识；理解本专业各类施工图纸、标准图集的识读方法；具有识读给水排水工程施工图纸的能力；具有计算机绘图的能力。

（3）基本教学方法：运用教学模型、挂图、多媒体课件、计算机操作等手段培养识图和绘图的能力，通过给水排水工程施工案例教学提高综合识图能力。

2. 工程测量

（1）基本内容：水准仪和高程测量，经纬仪和角度测量，钢尺和距离测量，平面、高程控制测量，地形图测绘与应用，管线施工测量，全站仪使用。

（2）基本要求：掌握测量仪器及工具的使用方法；了解水准仪、经纬仪的检验、校正方法；理解工程测量的基本理论和方法；具有熟练操作一般测量仪器的能力；具有小区域大比例尺地形图测绘的初步能力；具有管线工程施工放样、复测的能力。

（3）基本教学方法：课堂讲授与实际操作相结合，加强对各种测量仪器、工具的操作训练，并对实际操作项目考核评分。结合管线工程施工案例进行施工测量教学。

3. 力学与结构基本知识

（1）基本内容：静力学和材料力学的基本知识和理论，结构力学的基本知识，土力学与地基基础的基本知识，砌体结构与钢筋混凝土结构的基本知识和简单计算，预应力结构。

（2）基本要求：理解静力学和材料力学的基本知识；了解结构力学的基本知识；理解钢筋混凝土结构的基本知识；了解地基的基本知识；理解基础类型及其适用性；了解给

排水工程钢筋混凝土结构构造要求；具有力学基本计算的能力；具有分析简单工程结构受力特点的能力。

（3）基本教学方法：运用多媒体手段充实课堂教学，对力学基本计算加强训练。组织现场教学，结合工程实例分析计算。

4. 电工与电气设备

（1）基本内容：电路的欧姆定律、基尔霍夫定律，单相交流电、三相交流电的分析与计算，变压器的选择，三相异步电动机的铭牌和启动、反转、制动，低压电器及基本控制电路，电力负荷的计算，配电导线、开关的选择。

（2）基本要求：掌握电路的欧姆定律、基尔霍夫定律；了解一般电路的分析与计算；理解三相交流电路的接法；了解低压电器及其控制电路；理解电力负荷计算及导线、开关的选择。

（3）基本教学方法：通过使用教学模型、挂图等帮助理解知识，辅以实验提高实践动手能力。

5. 水力学与应用

（1）基本内容：静水力学中静水压强及其特征、基本方程式，静水压强表示方法，作用在平面、曲面壁上的静水总压力；液体运动的基本概念，恒定流连续方程、能量方程、动量方程；流动阻力和水头损失，孔口、管嘴出流和有压管流，明渠水流和堰流。

（2）基本要求：理解静水力学基本概念、基本特征、基本方程式；理解动水力学恒定流连续方程、动量方程式意义及应用；掌握有压管流水力计算和无压均匀流水力计算。

（3）基本教学方法：通过使用教学模型、实验以及工程实例教学。

6. 水泵及水泵站

（1）基本内容：叶片式水泵分类、构造、工作原理，离心式水泵特性，水泵并联工作，水泵的选择，泵站机组布置与安装，机组运行与维护的基本知识。

（2）基本要求：掌握水泵的类型及选用；理解水泵并联工作的工况分析。

（3）基本教学方法：通过使用教学模型、参观及现场教学提高教学效果。

7. 给水排水管道工程技术

（1）基本内容：给水排水管道系统的组成、设计流量的计算，给水排水管道的水力计算。

（2）基本要求：理解给水排水管道系统中各构筑物的作用、构造、设计和运行管理基本知识；掌握给水排水管道设计计算的基本方法。

（3）基本教学方法：课堂教学，多媒体教学、参观、课程设计等。

8. 水质检验技术

（1）基本内容：水化学及水微生物学基本知识，水质指标与标准，玻璃仪器与设备，化学试剂与试液，水质分析基本方法及操作，常规水质项目的检验。

（2）基本要求：了解水质的指标与标准；掌握常规玻璃仪器和电热设备、小型分析仪器的使用与保养方法；掌握常用试液和标准溶液的配制方法；掌握水质容量分析、比色分析的基本方法；具有水质分析基本操作和常规水质项目检测的能力；具有水质评价的基本能力。

（3）基本教学方法：结合课堂讲授，以在实验室进行基本操作技能训练为主要教学方式,并结合水质常规项目的检测进行考核。

9. 水处理工程技术

(1) 基本内容:水处理概论,预处理,凝聚与絮凝,沉淀与气浮,过滤,消毒,生物处理,污泥处置,其他水处理方法。

(2) 基本要求:了解城市给水处理和城市污水处理及中水处理的典型流程,理解水处理的基本方法、常见水处理构筑物的构造和工作过程,了解水处理构筑物运行与管理的基本知识。

(3) 基本教学方法:以城市给水处理和污水处理的典型流程为主线,通过课堂教学、实验、参观实习等方法进行教学。

10. 给水排水工程施工技术

(1) 基本内容:室外管道的施工,各种工程材料的使用、检验方法,土的加固方法,施工排水技术,钢筋混凝土工程的施工技术,给水排水工程施工中常用的机具设备。

(2) 基本要求:掌握土石方工程、钢筋混凝土工程、施工排水、给排水管道施工等的施工程序和方法;理解给排水工程施工的规范要求;了解常用施工机具设备的使用方法;具有安全施工的基本知识。

(3) 基本教学方法:课堂教学与现场参观相结合,运用多媒体手段灵活多样地组织教学,及时介绍新材料、新工艺和新技术。

11. 给水排水工程预算与施工组织管理

(1) 基本内容:施工定额,预算定额及其应用,施工预算、施工图预算及其编制,工程结算、竣工决算及其编制,应用计算机及软件编制预算,施工准备工作,流水施工,网络计划,施工组织设计,施工管理。

(2) 基本要求:了解工程定额种类和作用;理解施工预算、施工图预算、工程结算与竣工决算的编制方法;掌握工程预算软件的操作;了解施工准备工作,理解施工组织设计的内容和基本方法;理解施工管理的基本知识。

(3) 基本教学方法:结合工程实例,讲授施工图预算的编制方法,通过练习掌握施工图预算的编制方法,通过上机掌握工程预算软件的操作,结合工程实例进行施工组织设计的教学。

12. 认识实习

(1) 基本内容:参观城市自来水厂和污水处理厂(站),参观给水排水工程施工现场,听专题讲座及观看有关音像资料。

(2) 基本要求:通过参观、专题讲座及观看有关音像资料,使学生对给水排水工程技术专业建立一个感性认识,引导学生了解专业、热爱专业,为今后的专业学习打下基础,实习期间要求学生写好实习日记,实习结束时完成实习报告。

13. 测量实习

(1) 基本内容:平面控制测量,高程控制测量,地形图测绘,管线施工测量。

(2) 基本要求:熟练掌握水准仪、经纬仪的使用,具有根据施工图纸进行工程施工定位放线和验线的能力,初步掌握大比例尺地形图的测绘方法。

14. 职业技能操作实训

(1) 基本内容:到自来水厂(污水处理厂)或给水排水工程施工工地或实训基地进行净

水工、水泵工、管道工、测量工、水质检验员等工种的实际操作训练。

(2) 基本要求：每个学生实训项目不少于 2 个，初步掌握各种操作程序和技能；理解各工种应具备的基本知识。

15．课程设计与综合练习

(1) 基本内容：钢筋混凝土构件课程设计，水泵站课程设计，给水排水管道课程设计，施工预算的编制，施工组织设计的编制等。

(2) 基本要求：掌握钢筋混凝土构件、水泵站、给水排水管道等设计计算方法；掌握施工预算、施工组织设计的编制方法。

16．毕业实践

(1) 基本内容：

① 施工管理方面——根据实习单位的施工项目，了解并参与工程项目的招投标和工程预算；了解并参与各项施工准备工作和施工过程，且要熟悉安全生产知识；了解并参与施工方案的编制；了解和参与施工验收。

② 运行管理方面——查阅实习所在处理厂的图纸等资料，了解处理厂的工艺流程和各主要构筑物的构造；了解和参与处理厂的运行；了解质量、安全标准；了解和参与水质检验，学会写水质分析报告。

(2) 基本要求：在施工工地或处理厂实习，通过看、听、问、做等环节，了解施工(生产)工艺过程和管理过程，初步掌握技术人员组织、管理施工(生产)的基本环节，具有现场技术人员的初步能力。

七、教学时数分配

课程类别	学 时	其 中	
		理论教学	实践教学
职业基础课	1090	904	186
职业技术课	510	442	68
选 修 课	120	120	
实 践 课	50×24＝1200		1200
合 计	2920	1466	1454
理论课占总学时的比例	50.2%		
实践课占总学时的比例	49.8%		

八、编制说明

实行学分制时，可以在 2～5 年修业年限内完成本专业规定的必修课和选修课及实践课的学分。

附注 执笔人：谷 峡 范柳先

给水排水工程技术专业主干课程教学大纲

1 水 力 学 与 应 用

一、课程的性质与任务

本课程是给水排水工程技术专业的主干课程。其主要任务是：使学生理解液体的平衡和运动规律，并具有运用这些规律分析和解决给水排水工程中实际问题的能力。

二、课程的基本要求

（一）知识要求

1. 了解液体的主要物理性质及作用在液体上的力；
2. 理解静水压强的基本概念，掌握静水压强的特性、静水压强基本方程形式、意义及应用；
3. 了解水动力学的基本概念，掌握恒定流连续方程、能量方程及其应用，了解恒定流动量方程及其应用；
4. 了解液体流动的形态及判别方法，掌握沿程水头损失与局部水头损失的计算方法；
5. 了解孔口、管嘴出流的特点并掌握其计算方法，了解有压管流的水力计算基本原则，掌握有压管流的水力计算方法；
6. 了解明渠均匀流的特征，掌握明渠均匀流水力计算的方法，了解明渠非均匀流的基本概念及水面曲线的定性绘制方法；
7. 对堰流有一般的了解；
8. 了解渗流基本定律及单井、井群涌水量计算方法。

（二）能力要求

1. 具有给水排水工程有关水力计算的能力；
2. 具有一定的水力学实验操作的能力。

三、课程内容及教学要求

（一）绪论

1. 课程内容

水力学的任务、内容、研究方法；液体的主要物理性质；作用在液体上的力。

2. 教学要求

了解水力学的研究方法及液体质点、理想液体、连续介质的概念；了解液体的主要物理性质如密度、黏滞性等；了解作用在液体上力的分类。

（二）水静力学

1. 课程内容

静水压强及其特性；静水压强基本方程式；静水压强的表示方法；静水压强的测量；静水压强分布图；作用在平面、曲面壁上的静水总压力。

2. 教学要求

了解静水压强的基本概念、分布规律；掌握静水压强的特性、基本方程式的应用；能正确绘制静水压强分布图；掌握绝对压强、相对压强、真空压强的概念以及他们之间相互的关系；具有计算各种压强及绘制测压管水头线的能力；了解测压管、水银测压计、压差计及金属压力计的工作原理；掌握作用在平面壁上静水总压力的计算方法及其应用；了解压力体的概念及作用在曲面壁上静水总压力的计算方法。

（三）水动力学

1. 课程内容

液体运动的基本概念；恒定流连续性方程；动水压强及其分布规律；恒定流能量方程；恒定流动量方程及其应用。

2. 教学要求

了解液体运动的基本概念；了解液体流动过程中能量转换规律；理解能量方程物理及几何意义；掌握恒定流连续性方程、能量方程及其应用；了解动量方程及其应用。

（四）流动阻力与水头损失

1. 课程内容

流动阻力与水头损失；液体运动的形态；均匀流基本方程；沿程阻力系数的确定；沿程水头损失计算；谢才公式；局部水头损失计算。

2. 教学要求

了解流动阻力与水头损失的两种形式及水头损失叠加原理；了解液体运动的两种形态；掌握流态的判别方法；了解过水断面水力要素概念；掌握均匀流基本方程及计算；了解沿程阻力系数的变化规律及计算方法；掌握沿程水头损失、局部水头损失的计算方法。

（五）孔口、管嘴出流与有压管路

1. 课程内容

孔口出流；管嘴出流；简单管路水力计算；复杂管路水力计算；管网水力计算基础；有压管路中的水击。

2. 教学要求

掌握薄壁小孔口恒定出流的计算方法；了解大孔口恒定出流的计算原理；掌握圆柱型外管嘴恒定出流的计算方法；了解短管的水力特征；掌握短管水力计算方法；了解长管的水力特征；掌握简单管路水力计算方法；掌握复杂管路中串联、并联管路特点及计算方法；了解管网水力计算原理；了解有压管路中的水击现象及其危害、防止措施。

（六）明渠水流

1. 课程内容

明渠均匀流特征；明渠均匀流计算公式；水力最优断面和允许流速；明渠均匀流水力计算；无压圆管水力计算；明渠非均匀流特征；棱柱体渠道水面曲线的形式。

2. 教学要求

掌握明渠均匀流特征及计算公式；了解水力最优断面及允许流速的概念；掌握渠道输水能力、渠道底坡、断面尺寸的计算方法；掌握无压圆管均匀流水力计算方法；了解明渠非均匀流的特征及断面单位能量、临界水深、缓流与急流、缓坡与陡坡、水跃与水跌等概念；了解棱柱体渠道中恒定非均匀流渐变流水面曲线形式及定性绘制方法。

（七）堰流

1. 课程内容

堰及堰流分类；薄壁矩形堰；薄壁三角堰；薄壁梯形堰；实用堰及宽顶堰。

2. 教学要求

了解堰流分类及薄壁矩形堰、三角堰及宽顶堰的流量计算。

（八）渗流

1. 课程内容

渗流基本定律；单井涌水量计算；井群涌水量计算。

2. 教学要求

了解潜水井、承压井中完全井涌水量计算的方法。

（九）实验

1. 实验目的

通过实验，使学生加深对本课程中概念及规律的理解，培养学生初步使用仪器、掌握实验方法、分析实验数据及概括实验现象的能力。

2. 实验项目及目的

（1）静水压强演示实验

观察静止液体内部任意空间点上的静水压强，加深对静水压强基本方程式的理解，掌握用测压管测量静水压强的方法。

（2）流线演示实验

观察动态流线，进一步理解流线概念。

（3）能量方程实验

加深对能量方程中各项意义的理解，测定及绘制总水头线、测压管水头线。

（4）动量方程演示实验

观察、测定外力与流速（流量）的关系，加深对动量方程的理解。

（5）文丘里流量计校正实验

了解文丘里流量计的构造、学会用文丘里流量计测量流量的方法及测定文丘里管流量系数的方法。

（6）雷诺演示实验（即管中流态演示）

观察管流中两种流态的相互转化过程，加深对水流形态、水力特征及雷诺数的理解。

（7）管道沿程水头损失与流速关系实验

加深理解在不同情况下沿程水头损失与断面平均流速的关系。

（8）管道沿程阻力系数测定实验

了解测定管道沿程阻力的方法，加深对沿程水头损失规律的理解。

（9）管道局部阻力系数测定实验

了解测定管道局部阻力系数的方法，加深对局部水头损失产生原因的理解。

(10) 虹吸管演示实验

通过观察，加深对虹吸管工作原理的理解。

(11) 孔口、管嘴出流实验

通过观察，加深对孔口、管嘴出流原理的理解。

(12) 明渠水流实验

观察明渠水流的规律与特点。

四、课时分配

序 号	课程内容	总学时	其 中			
			讲授	习题课	实验或参观	机 动
(一)	绪论	2	2			
(二)	水静力学	8	4	2	2	
(三)	水动力学	16	10	2	4	
(四)	流动阻力与水头损失	12	6	2	4	
(五)	孔口管嘴出流及有压管路	10	6	2	2	
(六)	明渠水流	6	4		2	
(七)	堰流	2	2			
(八)	渗流	2	2			
(九)	机动	2				2
	合 计	60	36	8	14	2

五、大纲说明

1. 本课程尽量采用多媒体教学；
2. 本课程应保证开设必要的实验课，以训练学生的实验操作能力。

附注　执笔人：陶竹君

2 水泵及水泵站

一、课程的性质和任务

本课程是给水排水工程技术专业的主干课程。其主要任务是：使学生了解叶片泵基本构造、工作原理；理解主要性能、运行工况的图解法原理；掌握给水排水工程中常用水泵的选型、布置和计算的方法；具有水泵站设计、安装、运行、维护及管理的能力。

二、课程的基本要求

（一）知识要求

1. 掌握离心式水泵的工作原理、性能特征参数与常用水泵的选型；
2. 掌握离心式水泵的性能特征曲线的绘制与应用；
3. 掌握离心式水泵管路附件的选型、布置及功能；
4. 掌握离心式水泵工况调节与水泵联合运行的工况点的确定方法；
5. 掌握离心式水泵的安装方式与离心泵吸水管路的引水方式；
6. 掌握泵站布置的方法；
7. 了解变频水泵机组的原理、选型；
8. 了解离心泵的常见故障分析与排除方法。

（二）能力要求

1. 具有正确选择水泵的能力；
2. 具有中小型水泵站的初步设计能力；
3. 具有水泵站的安装、运行、维护管理能力。

三、课程内容及教学要求

（一）概论

1. 课程内容

水泵及水泵站在给水排水事业中的作用和地位；水泵定义及分类。

2. 教学要求

掌握水泵的概念；熟悉各类水泵的特点。

（二）叶片式水泵

1. 课程内容

离心泵的工作原理与基本构造、主要零件及性能参数；离心泵基本方程式；离心泵装置的总扬程；离心泵装置的定速、调速、换轮以及并联和串联的运行工况；离心泵的吸水性能；水泵机组的使用、维护及更新改造；轴流泵、混流泵及给水排水工程中常用的叶片泵。

2. 教学要求

理解离心泵的工作原理与基本构造、主要零件及性能参数；掌握离心泵装置的总扬程的计算；理解离心泵的性能参数的调节；掌握离心泵的联合工况分析与调节；掌握离心泵的吸水性能；掌握水泵机组的使用、维护及更新改造。

（三）其他水泵

1．课程内容

射流泵；气升泵；往复泵；螺旋泵。

2．教学要求

了解其他水泵的工作原理与基本构造、主要零件及性能参数。

（四）给水泵站

1．课程内容

给水泵站分类与特点；水泵的选择；水泵机组的布置与基础；吸水管路与压水管路；泵站水锤及防护；泵站噪声及消除；泵站中的辅助设施；泵站变配电设施及自动测控系统；泵站的土建要求；给水泵站工艺设计。

2．教学要求

掌握给水水泵机组的选择；熟悉给水泵站工艺设计内容；熟悉给水水泵机组和管路布置的原则及安装方法；掌握泵站水锤及防护；了解泵站内电气、辅助设备和土建之间的关系。

（五）排水泵站

1．课程内容

排水泵站的分类；排水泵站的基本类型及组成；水泵机组的选择；集水池的形式及容积确定；污水泵站的工艺特点；雨水泵站的工艺特点；螺旋泵污水泵站的工艺特点。

2．教学要求

熟悉排水泵站的分类、基本类型及组成；掌握排水水泵机组的选择；掌握集水池的形式及容积确定；掌握排水泵站工艺设计的特点与要求。

（六）泵站的运行管理

1．课程内容

泵站的节能技术；泵站的运行管理。

2．教学要求

掌握泵站的节能技术和安全运行管理知识。

四、课时分配

序 号	课 程 内 容	总学时	其　中			
			讲　授	习题课	实验或参观	机　动
（一）	绪论	2	2			
（二）	叶片式水泵	10	6	2	2	
（三）	其他水泵	4	4			
（四）	给水泵站	12	8	2	2	
（五）	排水泵站	8	4	2	2	
（六）	泵站的运行管理	2	2			
（七）	机动	2				2
	合　计	40	26	6	6	2

五、大纲说明

1. 本课程应尽量采用现场教学和多媒体教学；
2. 本课程结束后安排课程设计专用周，以保证学生有一定的时间进行泵站的设计计算训练。

附注　执笔人：刘智萍

3 给水排水管道工程技术

一、课程的性质与任务

本课程是给水排水工程技术专业的主干课程。它的任务是使学生掌握城市给水排水管道工程的基本知识；掌握给水排水系统的组成、工作原理、管渠的设计原理及设计方法；掌握给水排水管道系统运行维护管理等方面的知识；具有给水排水管道工程的设计、施工、运行能力及技术管理的能力。

二、课程的基本要求

1. 知识要求

（1）掌握给水排水系统的组成、工作原理及工作情况，掌握系统中各组成部分设计流量的计算方法；

（2）掌握城市给水排水管网的组成、布置形式及给水排水管网设计计算方法；

（3）熟悉给水排水管渠系统中构筑物的构造和设置要求；

（4）熟悉给水管道材料及配件；

（5）熟悉排水管渠的清通方法和养护要求。

2. 能力要求

（1）具有一般给水排水管道工程设计的能力；

（2）具有给水排水管道工程施工管理的能力；

（3）具有给水排水管道系统运行及维护管理的能力。

三、课程内容及教学要求

（一）绪论

1. 课程内容

给水排水工程的任务；我国给水排水工程技术的发展状况；本课程的任务及学习方法。

2. 教学要求

了解给水排水工程在城市建设中的作用与地位，了解给水排水工程技术的发展状况，了解本课程的任务及学习方法。

（二）给水管道系统

1. 课程内容

给水工程的意义和任务；用户对水质、水量、水压的要求；城市给水系统的组成和布置形式；工业给水系统的特点和布置形式。

2. 教学要求

理解给水工程的意义和任务，掌握给水系统的基本组成和布置形式；具有正确选择给水系统布置形式的能力。

（三）设计用水量

1. 课程内容

生活、工业、消防用水量标准；用水量的变化系数、变化曲线；各种用水量及总用水量的计算。

2. 教学要求

掌握用水量标准及用水量变化情况；掌握用水量计算方法；具有应用原始资料计算用水量的能力。

（四）给水系统的工作情况

1. 课程内容

给水系统各组成部分之间流量及水压的关系；泵站的扬程及水塔高度的确定；水塔、清水池容量计算；水塔和清水池。

2. 教学要求

掌握给水系统各部分实际水量的计算方法；掌握泵站扬程及水塔高度的确定方法；掌握给水系统各部分设计水量、泵站扬程及水塔高度计算；熟悉水塔和水池的构造及工艺要求；具有根据规范对水塔、水池进行工艺设计并对现有水池、水塔工艺性故障进行分析解决的能力。

（五）给水管网布置

1. 课程内容

给水管网的布置形式；给水管网及输水管定线的基本原则与敷设要求。

2. 教学要求

掌握给水管网的组成、布置形式及要求；掌握给水管网及输水管道定线的原则和敷设要求；具有根据原始资料合理进行管道定线及确定管道埋深的能力。

（六）给水管网的设计计算

1. 课程内容

比流量、沿线流量、节点流量的计算；管网流量分配及管径确定；经济流速；水头损失计算。

2. 教学要求

掌握比流量、沿线流量的计算方法；掌握管径和水头损失的计算方法；具有根据比流量计算节点流量、经济合理的确定管径的能力。

（七）树状管网和环状管网水力计算

1. 课程内容

管网图形的性质及简化；水力损失计算；树状管网水力计算；环状管网水力计算；应用计算机计算管网概述。

2. 教学要求

掌握树状管网、环状管网及输水管水力计算方法；具有熟练进行水力计算的能力。

（八）管材及附属构筑物

1. 课程内容

管道基础；阀门井；消火栓；水表井；倒虹管；水压试验。

2. 教学要求

掌握附属构筑物的作用、种类及组成；熟悉给水管网附属构筑物的施工要求；掌握给水管道水压试验的方法及要求。

（九）给水管道工程图

1. 课程内容

给水管道平面图、纵断面图、节点详图、大样图。

2. 教学要求

掌握给水管道工程图的内容及表示方法；能识读给水管道工程图。

（十）给水管道系统的技术管理

1. 课程内容

技术挂历的内容；管网技术资料；检漏；水压和流量测定；管道防腐；刮管涂衬；管网水质维持；供水调度管理；水压线图。

2. 教学要求

了解技术管理的内容、要求和方法；掌握给水管道冲洗的方法及要求；掌握给水管网水压、流量的测定方法；具有水压线图分析评价的能力。

（十一）排水系统

1. 课程内容

污水的分类，排水系统的作用，排水体制及其选择，排水系统的基本组成，排水管网的基本布置形式。

2. 教学要求

掌握污水的分类；了解排水系统的体制及其组成；掌握排水体制的选择要求；了解排水管网的基本布置形式。

（十二）设计排水量

1. 课程内容

污水设计流量的确定，雨水设计流量的确定。

2. 教学要求：

掌握污水、雨水设计流量的计算公式及应用。

（十三）排水管道系统的布置

1. 课程内容

污水管道系统的布置，雨水管道系统的布置。

2. 教学要求

掌握污水、雨水管道布置形式及影响因素。

（十四）排水管渠的材料及附属构筑物

1. 课程内容

排水管渠的材料，检查井，雨水井，特殊检查井，倒虹管，出水口。

2. 教学要求

了解排水管渠的材料；了解检查井的作用和设置要求；了解检查井的构造；了解雨水口的构造及设置要求。

（十五）排水管道的设计计算

1. 课程内容

污水在管道中的流动,水力计算公式及水力计算表,水力计算中的有关规定,管道的埋深与控制点,管道的衔接,雨量分析要素,暴雨强度曲线公式,雨水设计流量,雨水管道系统的设计计算,计算机在排水管设计中的应用;合流污水的特点、合流管道的设计流量,合流管道的设计计算;旧合流制排水管道的改造。

2. 教学要求

掌握污水管道水力计算公式;掌握圆管满流与不满流水力计算图表的使用方法;掌握水力计算中的有关设计规定;掌握管道埋设要求及衔接方法;掌握排水管渠水力计算的方法;理解雨量分析的基本要素及暴雨强度公式;理解小汇水面积的径流量计算方法及极限强度法原理及应用;具有进行污、雨水管道系统设计计算的能力;理解合流制排水系统的特点;掌握合流制管道系统设计流量的确定,能进行合流制管道的设计计算;了解排水管道的接口、排水管道的基础。

(十六) 排水管道工程图

1. 课程内容

排水管道平面图、纵断面图、节点详图、大样图。

2. 教学要求

使学生掌握排水管道工程图的内容及表示方法,会识读排水管道工程图。

(十七) 排水管渠系统的管理和维护

1. 课程内容

排水管渠的清通,排水管渠的维护与管理。

2. 教学要求

了解排水管网系统养护的任务和重要性;了解管道的清通和维护方法。

四、课时分配

序 号	课 程 内 容	总学时	讲 授	习题课	实验或参观	机 动
(一)	绪论	2	2			
(二)	给水系统	6	2		4	
(三)	设计用水量	6	4	2		
(四)	给水系统的工作情况	8	8			
(五)	给水管网布置	2	2			
(六)	给水管材及附属构筑物	2	2			
(七)	给水管网的设计计算	4	4			
(八)	枝状及环状管网计算	8	6	2		
(九)	给水管道工程图	2	2			
(十)	给水管道系统的技术管理	2	2			
(十一)	排水系统	8	4		4	
(十二)	设计排水量	4	4			

续表

序　号	课　程　内　容	总学时	其　中			
			讲　授	习题课	实验或参观	机　动
（十三）	排水管道系统的布置	4	4			
（十四）	排水管渠材料及附属构筑物	2	2			
（十五）	排水管道的设计计算	10	8	2		
（十六）	排水管道工程图	2	2			
（十七）	排水管渠系统的管理和维护	4	2		2	
（十八）	机动	4				4
	合　　计	80	60	6	10	4

五、大纲说明

1. 本课程实践性很强，尽量采用现场教学或多媒体教学；

2. 本课程结束后安排课程设计专用周，以保证学生有一定时间进行给水排水管道设计计算训练。

附注　执笔人：谷　峡　黄跃华

4 建筑给水排水工程

一、课程的性质和任务

本课程是给水排水工程技术专业的主干课程。通过本课程的学习，使学生掌握建筑给水排水工程的系统组成、计算原理、设计方法等基本知识和技能。

二、课程的基本要求

（一）知识要求

1. 掌握建筑给水系统的设计、计算与维护；
2. 掌握建筑消防灭火系统的选型、设计、计算与维护；
3. 掌握建筑排水系统的设计、计算与维护；
4. 掌握建筑热水供应系统的设计、计算与维护；
5. 了解特殊建筑的给水排水工程（游泳池给水排水、水景工程）；
6. 了解建筑中水工程；
7. 了解居住小区给水排水工程。

（二）能力要求

1. 具有一般建筑给水排水工程的设计能力；
2. 具有建筑给水排水工程运行、维护管理的能力。

三、课程的主要内容

（一）建筑给水

1. 课程内容

给水系统的分类与组成；给水方式；常用管材、附件和水表；给水管道的布置与敷设；水质防护；给水设计流量；给水管网水力计算；给水增压与调节设备。

2. 教学要求

熟悉给水系统的分类与组成；掌握常用的给水方式选择；掌握常用的给水管材、附件与水表的特性与选用原则；熟悉给水管道布置与敷设的原则；掌握给水系统的流量计算与管网计算；掌握给水增压与调节设备的计算与选型。

（二）建筑消防给水

1. 课程内容

消防系统的类型、工作原理和适用范围；室外消防系统；低层建筑室内消火栓消防系统；高层建筑室内消火栓系统；自动喷水灭火系统；其他固定灭火设施简介。

2. 教学要求

熟悉消防系统的类型、工作原理和适用范围；掌握建筑室内消火栓灭火系统的设计、计算；熟悉自动喷水灭火的组成、分类与选择；掌握自动喷水灭火系统的设计、计算。

（三）建筑排水

1. 课程内容

排水系统的分类、体制和组成；卫生器具及其设备和布置；排水管材与附件；排水管道的布置与敷设；排水管道系统的水力计算；排水通气管系统；特殊单立管排水系统；污水的抽升和局部处理。

2. 教学要求

熟悉排水系统的分类、体制和组成；熟悉常用排水管材与附件的特性；掌握排水管道的布置与敷设；掌握排水系统的设计、计算。

（四）屋面雨水排除

1. 课程内容

屋面雨水排除系统分类；屋面雨水排除系统的组成、布置与敷设；屋面雨水排除计算。

2. 教学要求

熟悉雨水排除系统的分类和组成；掌握雨水排除系统管道的布置与敷设；掌握雨水排除系统的设计、计算。

（五）热水和饮水供应

1. 课程内容

热水供应系统；热水用水定额、水温和水质；热水加热方式和供应方式；热水供应系统的管材与附件；加热设备；热水管网的布置与敷设；热水用水量、耗热量、热媒耗量、加热设备选型计算；热水配水管网和热媒管网水力计算；饮水供应。

2. 教学要求

熟悉热水供应系统的组成、分类与选用原则；熟悉热水的水量计算；熟悉常用热水管材与附件的特性；掌握热水管网的布置与敷设；掌握热水用水量、耗热量、热媒耗量、加热设备选型计算；掌握热水配水管网和热媒管网水力计算。

（六）建筑中水

1. 课程内容

建筑中水系统的组成；中水水源、水量和水质标准；中水处理工艺与中水处理站；中水管道系统。

2. 教学要求

了解建筑中水系统的组成；了解中水水源、水量和水质标准；了解中水常规的水处理工艺。

（七）特殊性质建筑的给水排水

1. 课程内容

泳池的给水排水；水景工程。

2. 教学要求

了解游泳池的给水排水；了解水景工程的给水排水设计。

（八）居住小区给水排水

1. 课程内容

居住小区给水排水特点；居住小区给水；居住小区排水。

2. 教学要求

了解居住小区给水排水特点；了解居住小区给水排水流量计算。

四、课时分配

序 号	课 程 内 容	总学时	其 中			
			讲 授	习题课	实验或参观	机 动
（一）	建筑给水	12	6	2	4	
（二）	建筑消防给水	8	6	2		
（三）	建筑排水	10	6	2	2	
（四）	屋面雨水排除	4	4			
（五）	热水与饮水供应	12	8	2	2	
（六）	建筑中水	4	4			
（七）	特殊性质建筑的给水排水	6	4		2	
（八）	居住小区给水排水	2	2			
（九）	机动	2				2
	合 计	60	40	8	10	2

五、大纲说明

1. 本课程实践性很强，尽量采用现场教学或多媒体教学；

2. 本课程结束后安排教学专用周，以保证学生有一定时间进行建筑给水排水工程设计计算训练。

附注 执笔人：谢 安

5 水质检验技术

一、课程的性质与任务

本课程是给水排水工程技术专业的主干课程。其主要任务是：使学生掌握本专业所必需的水质检验的基本原理、基本知识和基本操作技能；了解常见水质指标的测定意义、测定原理和测定条件；具有独立进行常规水质项目检测的能力。

二、课程的基本要求

（一）知识要求

1. 熟悉水质检验技术的基本理论、基础知识；
2. 掌握常见水质指标的测定意义、测定原理和测定条件；
3. 了解水处理微生物学的基本概念、基本理论；
4. 掌握微生物在水处理过程中的作用机理和规律；
5. 掌握水质检验有关数据的计算、分析和评价的方法。

（二）能力要求

1. 具有水质检验的基本操作技能；
2. 具有微生物一般实验操作技能；
3. 具有对水质检验有关数据进行正确记录、计算、分析、评价和质量控制的基本能力。

三、课程内容及教学要求

（一）水质检验基础

1. 课程内容

水质检验概述；水质指标和水质标准；水样的采集与保存；水质检验的基本方法；水质检验基本计算；水质检验误差。

2. 教学要求

了解水质检验的基本方法；掌握水样采集与保存的基本方法；掌握水质检验基本计算及水质检验结果的数据处理。

（二）水样的物理性质及其测定

1. 课程内容

水样的物理性质；色度、浑浊度、水中固体物质的测定。

2. 教学要求

了解水质主要物理指标；掌握色度、浑浊度、水中固体物质的测定。

（三）酸碱滴定法

1. 课程内容

酸碱滴定法原理；酸碱指示剂；酸碱滴定曲线；酸碱滴定的应用——酸碱标准溶液的配制和标定；酸度和碱度的测定。

2. 教学要求

掌握酸碱滴定的基本知识；掌握酸碱滴定有关计算；掌握水中酸度和碱度测定。

（四）沉淀滴定法

1. 课程内容

沉淀滴定法的原理；莫尔法、佛尔哈德法；沉淀滴定法的应用——氯化物的测定。

2. 教学要求

掌握沉淀滴定法的基本原理；掌握水中的氯化物的测定。

（五）络合滴定法

1. 课程内容

络合滴定的原理；EDTA 的性质和特点；络合滴定指示剂；络合滴定；络合滴定法的应用——水中总硬度的测定。

2. 教学要求

掌握络合滴定的基本原理和金属指示剂的选择；掌握水中总硬度的测定。

（六）氧化还原滴定法

1. 课程内容

氧化还原法概述；氧化还原法是基于氧化还原反应的滴定方法；氧化还原法的特点，氧化还原反应的方向；影响氧化还原反应速度的因素；氧化还原反应在水质分析中的应用——COD、BOD_5 的测定。

2. 教学要求

掌握氧化还原反应滴定法的基本原理；掌握高锰酸钾法、重铬酸钾法、碘量法原理及应用；掌握 COD、DO、BOD_5 的测定。

（七）分光光度法

1. 课程内容

比色分析、分光光度法的特点、适用范围；光的吸收定律；朗白—比耳定律及有关计算；物质对光的选择吸收；吸收曲线、吸光光度分析对波长的选择；吸光光度分析的方法；目视比色法、光电比色法、吸光光度法；水中氮素化合物、水中铁的测定。

2. 教学要求

掌握光度分析法的基本原理；了解光度测量误差及测量条件的选择；掌握分光光度法测定水中氮素化合物、水中铁的测定。

（八）几种大型分析仪器在水质检验中的应用

1. 课程内容

电位分析法；原子吸收分光光度法；气相色谱法；离子色谱法。

2. 教学要求

了解电位分析法的基本原理；掌握水中 pH、电导的测定；了解原子吸收分光光度法、气相色谱法、离子色谱法的基本原理及在水质检验中的应用。

（九）水中主要的微生物类群——细菌

1．课程内容

细菌的结构与形态；细菌的生理特性；细菌的生长繁殖和遗传变异。

2．教学要求

了解细菌的结构与形态、生理特性；熟悉细菌生长曲线各时期特点；掌握细菌生长曲线在水生物处理中的应用。

（十）其他水微生物及其生态

1．课程内容

其他水微生物；水微生物的生态。

2．教学要求

熟悉水处理中常见微生物的特点；了解水微生物之间的关系和水中微生物的控制。

（十一）微生物在物质循环和废水处理中的作用

1．课程内容

微生物在自然界物质循环中的作用；微生物在废水生物处理中的作用。

2．教学要求

了解微生物在自然界物质循环中的作用；掌握废水生物处理中微生物的作用机理和作用过程；掌握水体污染与自净的指示生物及检测方法。

（十二）水的卫生细菌学

1．课程内容

水中的病原微生物和水的消毒方法；饮用水的卫生细菌学指标；水的卫生细菌学检验。

2．教学要求

了解水中的病原微生物和水的消毒方法；熟悉饮用水的卫生细菌学指标；掌握饮用水中细菌总数、大肠菌群的测定。

（十三）实验

1．实验目的

通过实验，加深学生对本课程有关理论知识的理解，训练学生水质检验的基本操作技能。

2．实验项目

（1）玻璃仪器的洗涤、常用试剂的配制；

（2）分析天平的正确使用和称量训练；

（3）酸碱标准溶液的配制和滴定训练；

（4）水中碱度的测定；

（5）水的硬度测定；

（6）高锰酸盐指数的测定；

（7）COD 的测定；

（8）铁的测定；

（9）氨氮的测定；

（10）显微镜的使用及微生物形态的观察；

（11）微型动物的计数；

(12) 细菌总数的测定；

(13) 大肠菌群的测定。

四、课时分配

序　号	课　程　内　容	总学时	其　中			
			讲　授	习题课	实　验	机　动
（一）	水质检验基础	6	4		2	
（二）	水样的物理性质及其测定	4	2		2	
（三）	酸碱滴定法	8	4		4	
（四）	沉淀滴定法	4	2		2	
（五）	络合滴定法	6	4		2	
（六）	氧化还原滴定法	8	4	2	2	
（七）	分光光度法	6	4		2	
（八）	几种大型分析仪器在水质检验中的应用	8	4	2	2	
（九）	水中主要的微生物类群——细菌	6	4		2	
（十）	其他水微生物及其生态	6	4		2	
（十一）	微生物在物质循环和废水处理中的作用	8	4	2	2	
（十二）	水的卫生细菌学	8	4		4	
（十三）	机动	2				2
	合　　计	80	44	6	28	2

五、大纲说明

1. 本课程应尽量采用多媒体教学，以提高教学效果；

2. 本课程在教学中应侧重对学生实际动手能力的培养，提高学生解决实际问题的能力。

附注　执笔人：谢炜平

6 水处理工程技术

一、课程的性质与任务

本课程是给水排水工程技术专业的主干课程。其主要任务是：使学生理解水处理的基本理论和基本方法、污泥处理的基本理论和基本方法；掌握给水处理厂和污水处理厂的一般工艺流程、运行管理的基本方法以及常见的工艺设备故障和解决办法；掌握给水处理工艺或污水处理工艺各构筑物设计计算的基本方法；具有给水处理或污水处理工艺初步设计以及水处理设施运行维护管理的能力。

二、课程的基本要求

（一）知识要求

1．了解不同水源和污（废）水的水质特征和水质标准；
2．掌握水的预处理基本理论和基本方法；
3．熟悉混凝、沉淀、澄清的基本理论及其在水处理工程中的应用，初步掌握反应池、沉淀池、沉砂池、澄清池等构筑物的设计计算方法；
4．了解水处理中滤池去除水中杂质的基本原理，熟悉滤池的基本构造和基本维护管理，初步掌握滤池的设计计算方法；
5．掌握水处理中常用的消毒方法和消毒原理以及它们各自的优缺点；
6．熟悉水的好氧生物处理和水的厌氧生物处理的基本概念和基本原理，初步掌握曝气池、生物滤池、厌氧池等基本构筑物的设计计算；
7．熟悉水处理污泥的基本特性，了解污泥的浓缩、脱水、干化和其他综合处理的基础知识；
8．掌握水的化学和物理化学处理的基本方法（化学沉淀、中和、氧化还原、气浮、吸附、电解、萃取、离子交换等）及其原理，了解它们在水处理中的应用；
9．掌握水冷却的基础知识，了解常用的水冷却构筑物的类型和构造，了解循环水处理的基本原理及其在实际工程中的应用；
10．初步掌握水厂的设计计算及其运行管理的基础知识；
11．了解水处理工程的技术经济比较的基础知识。

（二）能力要求

1．具有一般水处理设施的工艺设计能力；初步具备方案技术经济比较的基本能力。
2．初步具有对给水处理厂和污水处理厂工艺进行运行维护管理的能力。

三、课程内容及教学要求

（一）水处理概述

1. 课程内容

水质与水质指标；水质标准；水体污染与自净；水处理的基本方法。

2. 教学要求

了解水中的污染物质、主要的水质指标和水处理的基本方法；熟悉我国的水质标准，掌握水体自净的原理。

（二）水的预处理

1. 课程内容

水的预处理的基本理论和基本方法；格栅；调节池。

2. 教学要求

掌握水的预处理的基本理论和基本方法；了解格栅、调节池的作用和类型；熟悉格栅、调节池设计参数的选取和设计计算；

（三）混凝、沉淀和澄清

1. 课程内容

混凝的机理；混凝剂的种类、投加；混凝反应设施；沉淀的基本理论；沉淀池的基本构造；沉淀池设计计算；沉砂池的构造和设计计算；气浮池的构造和设计计算；澄清池的构造及其设计计算。

2. 教学要求

了解混凝、沉淀、气浮、澄清的基本知识；熟悉混凝、沉淀、澄清的基本原理和基本理论；初步掌握其设计参数的选取和设计计算；掌握以上各构筑物的类型、特点和基本构造；掌握水处理工程中常见构筑物的特点和运行管理知识。

（四）过滤

1. 课程内容

过滤的基本概念；滤池的类型及其基本构造；滤池的维护和管理；滤池的设计计算。

2. 教学要求

了解滤池过滤和反冲洗的基本原理；熟悉滤池的类型和滤池的设计计算；掌握水处理工程中常用滤池的基本构造和运行管理知识。

（五）消毒

1. 课程内容

消毒的基本方法；消毒的常用设备。

2. 教学要求

熟悉消毒的常用设备和设备的运行管理；掌握水处理消毒的基本原理和基本方法。

（六）水的好氧生物处理

1. 课程内容

活性污泥法基本概念；曝气设备；活性污泥法的常见工艺；曝气池的计算；活性污泥法的运行管理；活性污泥法的新工艺；生物膜法基本概念；生物膜法工艺的构造（生物滤池、生物转盘、生物接触氧化）；生物膜法；好氧生物处理构筑物设计计算；自然生物处理方法。

2. 教学要求

熟悉活性污泥法、生物膜法的常用工艺和构筑物；熟悉各处理构筑物的设计计算；掌握活性污泥法、生物膜法的基本原理；熟悉活性污泥法、生物膜法的影响因素和运行管理知识。

（七）水的厌氧生物处理

1. 课程内容

厌氧生物处理的工艺构造、设计和应用；厌氧接触法；厌氧生物滤池；升流式厌氧污泥床；厌氧生物转盘；复合厌氧法；两相厌氧法。

2. 教学要求

熟悉水的厌氧生物处理的特点、影响因素和常见工艺；掌握水的厌氧生物处理的基本原理；掌握常见厌氧生物处理工艺的运行管理知识。

（八）污泥的处理

1. 课程内容

污泥的来源及其污泥性质指标；污泥的调节；污泥浓缩、脱水与干化；污泥的稳定；污泥的运输与综合利用。

2. 教学要求

了解水处理污泥浓缩、脱水、干化、稳定和综合处置的基础知识；掌握水处理污泥的基本特性。

（九）水的化学与物理化学处理

1. 课程内容

化学沉淀与中和；氧化还原；吸附、萃取；电解；离子交换；膜析。

2. 教学要求

理解水的化学和物理化学处理的基本原理；了解化学沉淀、中和、氧化还原、吸附、电解、萃取、离子交换在水处理中的应用。

（十）循环水的冷却与处理

1. 课程内容

水冷却的基础知识；冷却构筑物类型、工艺构造及选择；冷却水循环系统的阻垢缓蚀和综合处理。

2. 教学要求

了解水冷却的基础知识；了解循环水处理的基本原理及其在实际工程的应用；熟悉常用的水冷却构筑物的类型和构造。

（十一）给水厂和污水厂(站)的设计与运行管理

1. 课程内容

原始资料；厂址选择；处理工艺流程选择；处理厂平面及高程布置。

2. 教学要求

初步掌握水厂的设计计算及其运行管理的基础知识。

（十二）水处理工程经济技术比较

1. 课程内容

水费用函数；水处理工程基建投资及运行维护费用估算；方案的技术经济比较。

2. 教学要求

了解水处理工程的技术经济比较的基础知识；初步掌握技术经济比较的方法。

(十三)实践教学安排

1．实践教学内容

(1) 水处理混凝实验；

(2) 沉淀实验；

(3) 过滤实验；

(4) 活性污泥实验；

(5) 各类水处理厂(站)参观。

2．实践教学要求

(1) 使学生初步掌握混凝原理，了解混凝剂的种类及操作条件对混凝效果的影响；

(2) 使学生深入了解斜板沉淀池的构造及工作原理，掌握其运行操作方法及运行影响因素；

(3) 使学生加深对过滤原理的认识，掌握其运转、操作及使用方法；

(4) 使学生加深对活性污泥去除污染物原理的认识，掌握活性污泥的培养、驯化及生物相的观察，并监测出水效果；

(5) 通过各类水处理厂(站)的参观，使学生了解针对不同水源或污水(废水)的水处理工艺流程，进一步明确水处理工艺选择与水质的关系，并了解水处理厂(站)日常管理的工作内容及常见故障的排除方法。

四、课时分配

序 号	课 程 内 容	总学时	其 中			
			讲 授	习题课	实验或参观	机 动
(一)	水处理概述	4	4			
(二)	水的预处理	4	4			
(三)	混凝、沉淀和澄清	20	14	2	4	
(四)	过滤	12	8	2	2	
(五)	消毒	4	4			
(六)	水的好氧生物处理	22	18	2	2	
(七)	水的厌氧生物处理	12	8	2	2	
(八)	污泥的处理	10	6	2	2	
(九)	水的化学和物理化学处理	8	6		2	
(十)	循环水的冷却与处理	6	4	2		
(十一)	给水厂和污水厂设计与运行管理	10	4	2	4	
(十二)	水处理工程技术经济比较	4	4			
(十三)	机动	4				4
	合　计	120	84	14	18	4

五、大纲说明

1. 本课程的教学应注意引导学生建立水处理技术的专业知识体系，着重使学生理解并掌握水处理的基本概念、基本方法，并尽量通过实验，让学生深入地掌握水处理的技术知识和管理知识；

2. 课程教学内容应密切围绕培养学生的实际运用能力为核心，注重学生各方面能力和素质的全面提高。在教学中，注意实用性、先进性和科学性相结合；

3. 在教学中加强直观教学和实践性教学，充分利用实物模型、电化教学等手段，结合现场参观、认识实习、生产实习等多种形式进行教学。

附注　执笔人：李绍峰

7 给水排水工程施工技术

一、课程性质与任务

本课程是给水排水工程技术专业的主干课程之一。其主要任务是：使学生了解给水排水工程施工技术的基本知识，熟悉给水排水工程的管道设备和处理构筑物的施工方法及质量要求，通过实训和实习，具有安排、组织和指导一般给水排水工程施工的能力。

二、课程的基本要求

1. 知识要求
（1）了解土石方工程施工技术；
（2）熟悉给水排水构筑物施工技术；
（3）掌握地下给水排水管道开槽施工技术；
（4）了解地下给水排水管道不开槽施工技术；
（5）了解给水排水管道水下敷设施工技术；
（6）掌握建筑给水排水管道及设备安装技术；
（7）熟悉给水排水管道及设备的防腐与保温施工技术。

2. 能力要求
（1）具有一般给水排水构筑物的施工能力；
（2）具有一般地下给水排水管道的施工能力；
（3）具有建筑给水排水管道及设备的安装能力。

三、课程内容及教学要求

（一）土石方工程
1. 课程内容
土的分类；常用的土石方工程机械种类和性能；土石方的爆破施工方法和爆破安全。
2. 教学要求
了解土的分类；熟悉常用的土石方工程机械种类和性能；了解土石方的爆破施工方法和爆破安全。

（二）给水排水构筑物施工
1. 课程内容
钢筋混凝土主要材料的性质；钢筋的加工；模板制作；混凝土的配合比；现浇混凝土的施工；装配式水池及预应力混凝土施工。
2. 教学要求
了解钢筋混凝土主要材料的性质；熟悉钢筋的检验与加工方法；了解模板的支设形式和支撑要求；熟悉混凝土的配合比及施工配合比计算；掌握现浇混凝土的施工方法及技术要

求;了解冬期混凝土现场浇灌施工;了解装配式水池施工及预应力混凝土施工工艺及方法。

(三) 地下给水排水管道开槽施工

1. 课程内容

沟槽的断面;沟槽的支撑和开挖;施工排水和降低地下水位;下管与稳管;常用给水排水管道的接口;土方回填;给水排水管道工程质量的检查与验收。

2. 教学要求

掌握沟槽断面尺寸的确定以及沟槽的支撑和开挖;了解施工排水和降低地下水位的方法;掌握下管与稳管的方法;掌握常用给水排水管道的接口施工;掌握土方回填的工艺与要求;熟悉给水排水管道工程质量的检查与验收要求。

(四) 地下给水排水管道不开槽施工

1. 课程内容

不开槽施工的适用条件;机械顶管施工;气动矛、水平定向钻和盾构等施工。

2. 教学要求

熟悉不开槽施工的适用条件;掌握机械顶管的施工方法;了解气动矛、水平定向钻和盾构等不开槽施工方法。

(五) 给水排水管道水下敷设施工

1. 课程内容

水下沟槽的开挖;水下管道的材料和接口;管道的水下敷设。

2. 教学要求

了解水下沟槽的开挖方法;了解水下管道的材料种类和接口形式;熟悉管道的水下敷设方法。

(六) 建筑给水排水管道及设备安装

1. 课程内容

建筑给水排水工程常用管材及连接;建筑给水排水管道的安装;卫生设备的安装;消防设备的安装。

2. 教学要求

熟悉建筑给水排水工程常用管材及其加工连接;掌握建筑给水管道、排水管道的安装技术及要求;掌握卫生设备的安装技术和要求;熟悉消防设备的安装技术及要求。

(七) 给水排水管道及设备的防腐与保温

1. 课程内容

给水排水管道及设备的防腐与保温。

2. 教学要求

了解给水排水管道及设备的表面处理方法;熟悉防腐与保温材料的种类和性能;掌握给水排水管道及设备的防腐和保温的做法及要求。

四、课时分配

序 号	课 程 内 容	总学时	其 中			
			讲 授	习 题 课	实验或参观	机 动
(一)	土石方工程	4	4			

续表

序　号	课　程　内　容	总学时	其　中			
			讲　授	习题课	实验或参观	机　动
（二）	给水排水构筑物施工	20	14	2	4	
（三）	地下给水排水管道开槽施工	14	8	2	4	
（四）	地下给水排水管道不开槽施工	8	8			
（五）	给水排水管道水下敷设	4	4			
（六）	建筑给水排水管道及设备安装	22	16	2	4	
（七）	给水排水管道及设备的防腐与保温	4	4			
（八）	机动	4				4
	合　　计	80	58	6	12	4

五、大纲说明

1. 本课程实践性很强，尽量采用现场教学或多媒体教学；

2. 本课程结束后安排实训周，以保证学生有一定时间进行给水排水管道及设备的安装技能训练。

附注　执笔人：范柳先

8 给水排水工程预算与施工组织管理

一、课程的性质与任务

本课程是给水排水工程技术专业的主干课程。其主要任务是：使学生了解工程建设的基本知识；熟悉工程预算定额；掌握工程量清单编制和工程量清单计价的方法；领会施工组织和施工管理的基本知识；通过综合练习和综合实践，具有编制工程预算、编制施工组织设计和管理施工现场的能力。

二、课程的基本要求

1．知识要求

（1）了解工程建设的概念、内容和程序，领会建设项目投资和工程造价的构成；

（2）了解建设工程招标、投标单位应具备的条件，熟悉工程招标、投标的程序；

（3）理解工程定额的概念、分类和作用，掌握工程定额的应用；

（4）熟悉工程预算的编制依据和编制程序，掌握工程量清单编制和工程量清单计价的方法；

（5）理解施工组织的基本知识，掌握施工方案和单位工程施工组织设计的编制方法；

（6）掌握施工管理的内容与要求。

2．能力要求

（1）具有编制工程预算的能力；

（2）具有编制施工方案或施工组织设计的能力；

（3）具有管理施工现场的能力。

三、课程内容和教学要求

（一）工程建设概述

1．课程内容

工程建设的概念；工程建设的程序；工程项目的组成；工程建设项目费用的构成。

2．教学要求

了解工程建设的概念和内容；理解基本建设的程序和工程项目的组成；掌握工程建设项目费用的构成。

（二）建设工程招标投标

1．课程内容

工程承包方式；工程招标、投标单位应具备的条件；工程招标、投标的程序。

2．教学要求

了解工程承包方式；了解工程招标、投标单位应具备的条件；熟悉工程招标、投标的程序。

(三) 工程定额

1. 课程内容

施工定额的概念和作用；预算定额的概念和作用；概算定额的概念和作用。

2. 教学要求

了解施工定额的概念和作用；掌握预算定额的概念和作用；了解概算定额的概念和作用；掌握预算定额中人工费、材料费和机械费的确定方法。

(四) 工程预算

1. 课程内容

工程预算的编制依据和编制程序；工程量清单编制；工程量清单计价；工程量清单计价软件。

2. 教学要求

熟悉工程预算的编制依据和编制程序；掌握工程量清单编制方法；掌握工程量清单计价方法；掌握常用工程量清单计价软件的使用。

(五) 施工组织

1. 课程内容

组织施工的方法；流水施工；网络计划；施工组织设计。

2. 教学要求

了解组织施工的方法；理解流水施工的基本原理；掌握网络计划的基本知识；掌握施工组织设计的编制方法。

(六) 施工管理

1. 课程内容

技术管理；质量管理；安全生产管理。

2. 教学要求

理解技术管理的制度；理解质量管理的制度；了解安全生产管理的制度。

四、课时分配

序 号	课 程 内 容	总学时	其 中			
			讲 授	习题课	实验或参观	机 动
(一)	工程建设概述	4	4			
(二)	建设工程招标投标	6	6			
(三)	工程定额	8	6	2		
(四)	工程预算	18	14	4		
(五)	施工组织	14	8	2	4	
(六)	施工管理	8	6	2		
(七)	机动	2				
	合 计	60	44	10	4	2

五、大纲说明

1. 本课程内容具有地区性、时间性较强的特点，应结合本地区的现行定额、取费标准等情况进行讲授；

2. 在教学中要积极改进教学方法，注意理论联系实际，尽量采用多媒体教学，按照学生学习的规律和特点，以学生为主体，充分调动学生学习的主动性、积极性。

附注　执笔人：范柳先

附录 1

全国高职高专土建类指导性专业目录

56 土建大类

5601　建筑设计类
560101　建筑设计技术
560102　建筑装饰工程技术
560103　中国古建筑工程技术
560104　室内设计技术
560105　环境艺术设计
560106　园林工程技术

5602　城镇规划与管理类
560201　城镇规划
560202　城市管理与监察

5603　土建施工类
560301　建筑工程技术
560302　地下工程与隧道工程技术
560303　基础工程技术

5604　建筑设备类
560401　建筑设备工程技术
560402　供热通风与空调工程技术
560403　建筑电气工程技术
560404　楼宇智能化工程技术

5605　工程管理类
560501　建筑工程管理
560502　工程造价
560503　建筑经济管理
560504　工程监理

5606	市政工程类
560601	市政工程技术
560602	城市燃气工程技术
560603	给排水工程技术
560604	水工业技术
560605	消防工程技术

5607	房地产类
560701	房地产经营与估价
560702	物业管理
560703	物业设施管理

附录 2

全国高职高专教育土建类专业教学指导委员会规划推荐教材（建工版）

序　号	书　　名	作　者
1	水力学与应用	陶竹君
2	水泵与水泵站	谷峡
3	给水排水管道工程技术	张奎
4	建筑给水排水工程	张健
5	水质检验技术	谢炜平
6	水处理工程技术	吕宏德
7	给水排水工程施工技术	边喜龙
8	给水排水工程预算与施工组织管理	范柳先